Sebastian Gräf

Akteure, Profiteure und Hintergründe des Klimawandels

Interessen von Politik und Wirtschaft und „die CO2-Lüge"

GRIN Verlag

Bibliografische Information der Deutschen Nationalbibliothek:

Die Deutsche Bibliothek verzeichnet diese Publikation in der Deutschen National-
bibliografie; detaillierte bibliografische Daten sind im Internet über http://dnb.d-
nb.de/ abrufbar.

Impressum:

Copyright © 2008 GRIN Verlag GmbH
Druck und Bindung: Books on Demand GmbH, Norderstedt Germany
ISBN: 978-3-640-26491-9

Dieses Buch bei GRIN:

http://www.grin.com/de/e-book/121784/akteure-profiteure-und-hintergruende-
des-klimawandels

Thema (06.02.2008):
Akteure, Profiteure und Hintergründe des Klimawandels:
Interessen von Politik und Wirtschaft
und „*die CO$_2$-Lüge*"

(www.spiegel.de (1,2,5), thelazyenvironmentalist.blogspot.com (3,4), www.welt.de (6))

Sebastian Gräf
LA Mathematik/Geographie
7. Semester

Inhaltsverzeichnis

Abbildungsverzeichnis

Tabellenverzeichnis

1. Einleitung

Beobachtungen und Messungen lassen keinen Zweifel, dass das Klima sich ändert: Die globale Erwärmung und der Meeresspiegelanstieg hat sich beschleunigt, ebenso das Abschmelzen der Gletscher und Eiskappen. In den letzten 100 Jahren hat sich die Erde im Mittel um 0,74 °C erwärmt. Elf der letzten 12 Jahre (1995-2006) waren unter den zwanzig wärmsten Jahren seit Beginn der Beobachtungen. Es gilt als „gesicherte Erkenntnis", dass im weltweiten Durchschnitt menschliches Handeln seit 1750 das Klima erwärmt hat – vorrangig durch den fossilen Brennstoffverbrauch, die Landwirtschaft und eine geänderte Landnutzung. Das heutige Niveau der Treibhausgase (THG) liegt deutlich höher als das natürliche Niveau in den letzten 650.000 Jahren.

So steht es in der Kurzzusammenfassung des IPCC-Berichtes vom Bundesministerium für Bildung und Forschung (BMBF 2007, S.1). IPCC, das ist der Intergovernmental Panel on Climate Change oder übersetzt der Zwischenstaatliche Ausschuss für Klimaänderungen. Doch ist das wirklich so? In anderen Quellen ist ganz anderes zu lesen:

Es gibt keine Korrelation zwischen Temperatur und CO_2 über die Zeit. Das haben die IPCC-Ergebnisse nicht ergeben. Seit 1975 steigt die Temperatur. Die Ursache kann aber auch eine natürliche sein.

So drückt es zumindest Kenneth Hsü (in Schulte 2003, S.131) aus, ohne dass dies hier näher kommentiert werden soll. Jedenfalls hatte der neueste IPCC-Bericht jüngst für großes Aufsehen gesorgt, da er die Klimaerwärmung der letzten Jahrhunderte darstellt, den menschlichen Einfluss dabei thematisiert und Zukunftsszenarien darlegt.

Der größte Streitpunkt ergibt sich also bei der Frage nach dem menschlichen Einfluss. Vom IPCC war dieser mit „gesicherte[r] Erkenntnis" bezeichnet, wirklich nachzuweisen ist er allerdings schwer, da Zusammenhänge und Folgerungen in der Klimatologie sehr komplex und kompliziert sind. Tabelle 1 ist dem IPCC-Bericht entnommen. Die Wahrscheinlichkeit des gravierenden menschlichen Einflusses ist demnach recht hoch, insbesondere was zukünftige Ereignisse betrifft, von Sicherheit kann man aber nicht sprechen. Es liegen folglich nur Indizien vor, die Beweise fehlen. Die Wahrscheinlichkeit des Einflusses ist das Hauptargument der Befürworter von Gegenmaßnahmen zum Klimawandel, die mangelnde Sicherheit das von den Ablehnern der Maßnahmen.

Phänomen[a] und Richtung des Trends	Wahrscheinlichkeit, dass ein Trend im späten 20. Jahrhundert (typischerweise nach 1960) auftrat	Wahrscheinlichkeit eines anthropogenen Beitrages zum beobachteten Trend[b]	Wahrscheinlichkeit eines zukünftigen Trends, basierend auf den Projektionen für das 21. Jahrhundert unter Verwendung der SRES-Szenarien
Wärmere und weniger kalte Tage und Nächte über den meisten Landflächen	Sehr wahrscheinlich[c]	Wahrscheinlich[d]	Praktisch sicher[d]
Wärmere und häufigere heisse Tage und Nächte über den meisten Landflächen	Sehr wahrscheinlich[e]	Wahrscheinlich (Nächte)[d]	Praktisch sicher[d]
Wärmeperioden / Hitzewellen. Zunahme der Häufigkeit über den meisten Landflächen	Wahrscheinlich	Eher wahrscheinlich als nicht[f]	Sehr wahrscheinlich
Starkniederschlagsereignisse. Die Häufigkeit (oder der Anteil der Starkniederschläge am Gesamtniederschlag) nimmt über den meisten Gebieten zu	Wahrscheinlich	Eher wahrscheinlich als nicht[f]	Sehr wahrscheinlich
Von Dürren betroffene Flächen nehmen zu	Wahrscheinlich in vielen Regionen seit 1970	Eher wahrscheinlich als nicht	Wahrscheinlich
Die Aktivität starker tropischer Wirbelstürme nimmt zu	Wahrscheinlich in vielen Regionen seit 1970	Eher wahrscheinlich als nicht[f]	Wahrscheinlich
Zunehmendes Auftreten von extrem hohem Meeresspiegel (ausgenommen Tsunamis)[g]	Wahrscheinlich	Eher wahrscheinlich als nicht[f,h]	Wahrscheinlich[i]

Tabelle 1: Kürzliche Trends, Wissensstand bezüglich des menschlichen Einflusses auf den Trend und Projektionen für extreme Wetterereignisse, für die im 20. Jahrhundert ein Trend beobachtet wurde (IPCC 2007)

Doch es spielen noch mehr Gründe als reine Überzeugung eine Rolle, wenn man Klimaschutzmaßnahmen befürwortet oder ablehnt. Im Klimaschutz und in der Klimapolitik mischen eine ganze Reihe Akteure mit unterschiedlichen Motiven und Zielen mit. In dieser Arbeit soll nun thematisiert werden, wie sich der umstrittene wissenschaftliche Hintergrund darstellt, um welche beteiligten Akteure es sich handelt und welche Interessen sie mit ihrer Position mit welchen Mitteln vertreten. Und wer profitiert eigentlich vom Klimawandel?

Dabei soll in der Arbeit vorrangig auf die Industrienationen eingegangen werden, eine globale Betrachtung müsste sehr differenziert erfolgen und ist vom Umfang her in diesem Rahmen kaum machbar.

2. Hintergründe des Klimawandels

Zunächst soll dem Begriff des Klimawandels Beachtung geschenkt werden, dann soll in kurzer und prägnanter Form auf Ursachen, auftretende Effekte, Folgen und Ursachen des Klimawandels eingegangen werden.

2.1 Umstrittener Klimawandel und die „CO$_2$-Lüge"

Die gesamte Erdgeschichte ist eigentlich nichts als ein andauernder Klimawandel. So haben Schwankungen des Klimas die Entwicklung unseres Planeten maßgeblich beeinflusst. Vor 3,8 Milliarden Jahren wurde die Entwicklung von Leben nur durch Abkühlung des Klimas möglich, vor 65 Millionen Jahren sorgte ebenfalls eine abrupte Abkühlung für das Aussterben der Dinosaurier und im Neozoikum sorgte eine Klimaerwärmung für die Verbreitung von Palmen auf Kamtschatka und Alligatoren in der Arktis (Ludwig 2006). Das Klima besaß dabei zu keiner Zeit einen wirklich stabilen Zustand und kleine Einwirkungen hatten schon früher gelegentlich große Veränderungen über Rückkopplungen zur Folge. Denn Klima und Wetter sind „Nichtlineare Dynamische Systeme", die „multistabil", „grundsätzlich instabil", „dem Phänomen der Bifurkation oder Verzweigung" unterworfen und „chaotisch" sind (Schulte 2003, S.118).

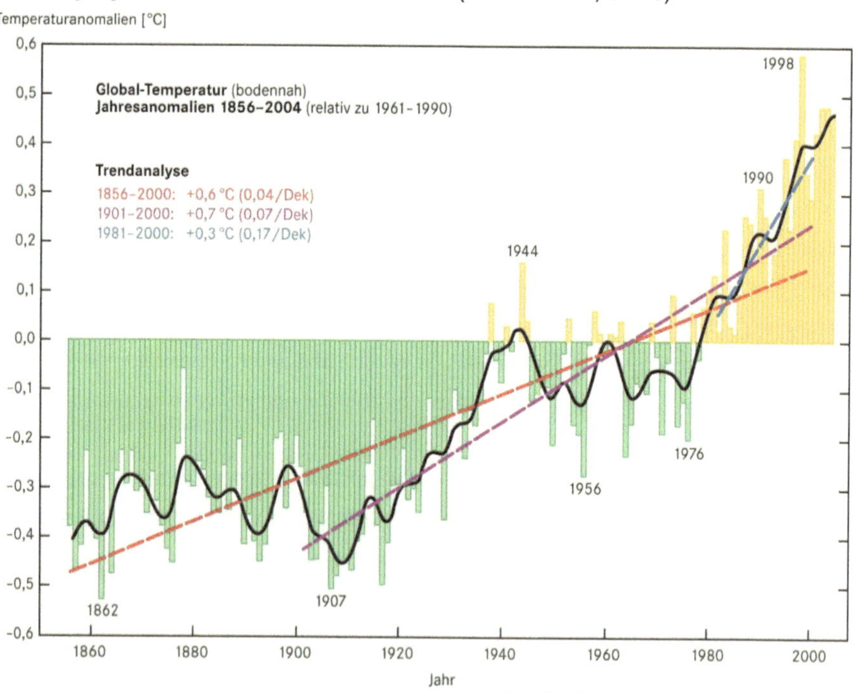

Abbildung 1: Entwicklung der globalen Durchschnittstemperatur (Gebhardt et al 2007)

Das tatsächliche Vorhandensein eines „Klimawandels" ist also unbestreitbar, da das Klima sich permanent ändert. Das Ausmaß des Klimawandels lässt sich auch noch einigermaßen gut messen. So kann man einige Veränderungen der letzten 150 Jahre deutlich feststellen, die noch im Folgenden angesprochen werden sollen, auch wenn das exakte Ausmaß in unterschiedlichen Quellen unterschiedlich angegeben wird. Insbesondere die Erhöhung der globalen Durchschnittstemperatur wird hierbei immer wieder angeführt, wie auch in Abbildung 1. Elf der 12 Jahre von 1995-2006 waren unter den wärmsten 12 Jahren seit Beginn der Temperaturmessungen und auch feste Trends der Veränderungen werden vom IPCC (2007) als sehr wahrscheinlich bis wahrscheinlich bezeichnet, Murray (2007) spricht in Berufung auf den IPCC sogar davon, dass „die Klimaerwärmung (…) eine Tatsache und unbestreitbar [ist], wie der weltweite Anstieg der mittleren Luft- und Ozeantemperaturen, das großflächige Abschmelzen von Schnee und Eis sowie der weltweit steigende Meeresspiegel belegen".

Dass der aktuelle Klimawandel durch menschliche Einflüsse verursacht wird, ist allerdings noch immer sehr umstritten. Während vom IPCC (Tabelle 1) für die aktuellen Trends der Veränderungen der Beitrag des Menschen als „wahrscheinlich" bis „eher wahrscheinlicher als nicht" bezeichnet wird, spricht Veizer davon, dass die CO_2-Konzentration, die die Hauptauswirkung des Menschen auf das Klima darstellt, keinen Einfluss auf das Klima haben kann wie beispielsweise die Vegetation, der Wasserdampf in der Atmosphäre und die Aktivität der Sonne. Er begründet dies mit den Worten: „Die CO_2-Konzentration ist überall 350 ppm, das kann das Wettergeschehen nicht antreiben" (Veizer in Schulte 2003, S.134) und auch Schulte selbst zweifelt beim „Streit um heiße Luft" die Rolle des CO_2 für den Klimawandel an. Thüne (1998) geht sogar soweit, das „Treibhaus-Gespenst" und die Wirkung von CO_2 auf das Klima als Erfindung der Atomkraft-Lobby darzustellen. Murray dagegen ist der Ansicht, dass die ‚Treibhauswirkung' von CO_2 außerhalb jeder Debatte stünde, nur das Ausmaß sei umstritten. Im Folgenden werden auch an anderen Stellen noch Unstimmigkeiten deutlich werden, jedoch soll von der häufigeren Annahme ausgegangen werden, dass das von Menschen emittierte CO_2 sich auf eine Klimaerwärmung merklich auswirkt, die aktuell beobachtbare Klimaerwärmung also vorrangig anthropogen bedingt ist. Eine weitere Diskussion dieses Sachverhaltes wäre noch nahezu unbegrenzt möglich, würde jedoch diesen Rahmen sprengen. Die Frage, ob die „CO_2-Lüge" eine Lüge ist oder auf Tatsachen beruht, kann an dieser Stelle also nicht beantwortet werden.

2.2 Ursachen

Wie eben angesprochen, spielt das Kohlenstoffdioxid CO_2, das durch menschliche Einflüsse in die Atmosphäre gelangt, der landläufigen Meinung zufolge eine wichtige Rolle als Ursache der Klimaerwärmung. 2000 formulierte Bach, dass die „Einwirkung der CO_2-Zunahme auf das globale Klima noch nicht nachweis[bar]" sei, aber dass „gerade diese Unsicherheiten (...) es ratsam erscheinen [lassen], das CO_2-Problem ernst zu nehmen und sich über (...) Vorsorgemaßnahmen (...) Gedanken zu machen" (Bach 2000, S.47). Insbesondere der Einfluss der Ozeane auf die CO_2-Veränderungen ist noch nicht vollständig geklärt.

Nicht alle Einflüsse auf das Klima sind durch den Menschen hervorgerufen, jedoch gibt es eine ganze Reihe von Einflüssen des Menschen auf das Klima, die vorrangig die globale Durchschnittstemperatur verändern. Man spricht vom sogenannten Strahlungsantrieb, der „die Veränderung in der vertikalen Nettoeinstrahlung (Einstrahlung minus Ausstrahlung; ausgedrückt in Watt pro Quadratmeter: Wm^{-2}) an der Tropopause (Grenze zwischen Troposphäre und Stratosphäre) aufgrund einer Veränderung eines äußeren Antriebs des Klimasystems" darstellt (IPPC 2007 Annex, S.85) und für einzelne Faktoren angegeben werden kann, die auf das globale Klima Auswirkungen haben. Abbildung 2 listet diese natürlichen und anthropogenen Faktoren auf und stellt ihren quantitativ abgeschätzten Strahlungsantrieb und die dabei enthaltenen Unsicherheiten dar.

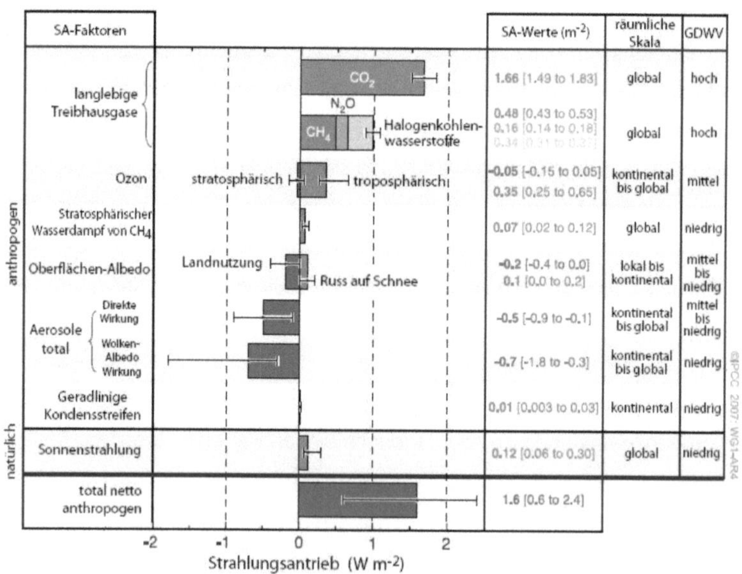

Abbildung 2: Komponenten des Strahlungsantriebs (IPCC 2007)

Deutlich aus der Abbildung werden mehrere Ergebnisse. Zuerst hat das umstrittene CO_2, das durch den Verbrauch von fossilen Brennstoffen und Änderungen in der Landnutzung erzeugt wird, dem IPCC zufolge die größte Auswirkung auf die Temperaturveränderungen, salopp formuliert: ‚Es lohnt sich also, darüber zu streiten.' In nur 10 Jahren, von 1995 bis 2005, verstärkte sich der Strahlungsantrieb durch den CO_2-Anstieg um ganze 20 % (IPCC 2007). Für eine Erwärmung relevant sind auch noch Methan CH_4 und Lachgas NO_2, die vor allem in der landwirtschaftlichen Produktion entstehen und so als langlebige Treibhausgase in großer Menge in die Atmosphäre gelangen, sowie Halogenkohlenwasserstoffe. Wichtig ist zudem das entstehende Ozon, das die Atmosphäre mit großer Wahrscheinlichkeit erwärmt, unter Umständen aber auch leicht abkühlen kann, Ozon wird aus der chemischen Reaktion von emittierten Stickoxiden, Kohlenmonoxiden und Kohlenwasserstoffen mit in der Luft vorhandenem Sauerstoff gebildet. Die anthropogene Veränderung der Oberflächenalbedo der Erde durch veränderte Landnutzung oder Verringerung der Schneeoberfläche durch beispielsweise Ruß, kann sich sowohl positiv als auch negativ auf die globale Temperatur auswirken. Der größte Unsicherheitsfaktor ist bei den Betrachtungen ist bei der Wirkung der Aerosole zu sehen. Sowohl direkt als auch indirekt ist ihre Wirkung auf das Klima weitgehend unbekannt, es scheint lediglich festzustehen, dass sie die globale Temperatur senken, nicht aber in welchem Maße. Sie wirken zudem regional und je nach Einfallswinkel der Sonnenstrahlung unterschiedlich (ebd.). Die Sonnenstrahlung selbst wird vom IPCC-Bericht nur für geringe Temperaturschwankungen verantwortlich gemacht, Schulte (2003) dagegen betont mehrfach auffällige Übereinstimmungen von Sonnenfleckenzyklen mit Temperaturanomalien, bemängelt die mangelhafte Miteinbeziehung des Wasserdampfes in die Überlegungen und weist auf die Bedeutung des Flugverkehrs hin, dessen Kondensstreifen.

Insgesamt ist Abbildung 2 eine anthropogener Strahlungsantrieb seit 1750 von +0,6 bis +2,4 Wm^{-2} mit „einem sehr hohen Vertrauen" (IPCC 2007, A1 S.3) zu entnehmen, der eine deutliche Erwärmung erklären würde. Bei einer Addition der darüber angegebenen Werte fällt allerdings auf, dass mit ebendieser Auflistung auch eine Temperaturverringerung erklärbar wäre, bedingt durch die hohen auftretenden Unsicherheiten, besonders bei der Wirkung der Aerosole, welche zusätzlich zu den Wolkenausmaßen noch deren Eigenschaften verändern können. Die Berechnung des Nettostrahlungsantriebs durch den IPCC erfolgte allerdings deren Ausführungen nach auf kompliziertere Art und Weise, die dort nicht näher erläutert wird (IPCC 2007).

2.3 Effekte

Der wohl bekannteste Effekt der Klimadiskussion ist der *Treibhauseffekt*. Ohne diesen wäre die durchschnittliche Temperatur der Erde der allgemeinen Vorstellung nach bei -18 Grad, da sich damit ein Gleichgewicht zwischen Ein-und Gegenstrahlung einstellen würde, 33 Grad geringer als sie es mit Treibhauseffekt tatsächlich ist (Ludwig 2006). Der Begriff an sich ist bei genauerer Betrachtung eher verwirrend, da der Effekt nicht mit den Geschehnissen in einem Treibhaus gleichzusetzen ist. Weder kann keine Luft aus dem Treibhaus entweichen, noch wird sämtliche Rückstrahlung der Erde vom Glasdach des Treibhauses zurückgehalten (Schulte 2003). Jedenfalls werden aber Teile der thermischen Infrarotstrahlung, mit der die Erde Wärmeenergie an das Weltall abgibt durch sogenannte Treibhausgase absorbiert und zurückgestrahlt, wodurch die Lufttemperatur unterhalb der Tropopause erhöht wird. Diese Treibhausgase sind vor allem Wasserdampf H_2O, Kohlendioxid CO_2, Lachgas N_2O, Methan CH_4, Ozon O_3 sowie Halogenkohlenwasserstoffe insbesondere FCKW (IPCC 2007). Man unterscheidet den natürlichen vom anthropogenen Treibhauseffekt je nachdem was die Quelle der entsprechenden Treibhausgase ist, beide wirken gemeinsam. Die Anteile der einzelnen Treibhausgase am natürlichen und anthropogenen Treibhauseffekt werden aus Tabelle 2 ersichtlich.

in %	CO_2	CH_4	N_2O	FCKW	O_3	H_2O
Natürlich	26	2	4	-	<8	60
Anthropogen	61	15	4	11	<9	Indirekt

Tabelle 2: Anteile der Treibhausgase am Treibhauseffekt (eigene Abbildung nach Schulte 2003)

Der Treibhauseffekt ist aber –wie sehr vieles in der Klimatologie– umstritten, unter anderem Thüne (1998) zweifelt dessen Existenz an. Er spricht von völlig falschen Berechnungen und unrichtigen Annahmen und schon der Titel seines Buches „Der Treibhaus-Schwindel" spricht für sich und er wirft der „Treibhausclique" (ebd. S. 275) bewusst aus politischen Gründen die These zu verbreiten. An dieser Stelle sei allerdings nicht näher auf diese Diskussion eingegangen.

Ein abkühlender Effekt im Klimageschehen ist das erst kürzlich entdeckte *Global Dimming*. Hiervon spricht man, wenn ausgestoßene Schadstoffe, zum Beispiel Asche, Ruß und Schwefeldioxid, die Atmosphäre verdunkeln und die Einstrahlung der Sonne nur in geringerer Form stattfinden kann als ohne diese Stoffe. In den USA beträgt diese Reduzierung der Einstrahlung bis zu 10%, in Teilen Großbritanniens sogar 16% (Hamann 2006). Er tritt somit besonders über großen Industriegebieten und –ländern auf. Der Effekt vermindert oder verhindert eine potentielle Erwärmung und wirkt beispielsweise dem

Treibhauseffekt entgegen und könnte diesen teilweise sogar ausgleichen. Bei umweltfreundlicheren Produktionsketten könnte zwar der Treibhauseffekt aber auch der Effekt des Global Dimming verringert werden, so dass regional keine Abkühlung des Klimas insgesamt gewährleistet werden kann (Ludwig 2006).

Des Weiteren existieren Rückkopplungseffekte, die kleine Ursachen zu großen Wirkungen verstärken können. Ein Beispiel für positive Rückkopplungen ist die *Eis-Albedo-Rückkopplung*. Wenn es durch äußere Umstände global wärmer wird, so schmelzen Eisflächen und weichen Landoberfläche. Dadurch wird die Albedo der Oberfläche geringer und mehr Strahlung wird absorbiert, denn Wasser und Land reflektieren weniger als Schnee und Eis. Dadurch wird dann die Temperatur weiter erhöht und de Effekt verstärkt (Murray 2007).

Als negativer Rückkopplungseffekt wird hingegen in Schulte (2003) das *Verhalten von Wolken* dargelegt. So verdunstet mehr Wasser bei höheren Temperaturen, dies führt zu vermehrter Wolkenbildung, was dann die Sonneneinstrahlung verringert und so zu Abkühlung führt, gegebenenfalls sogar zur Bildung einer Eisschicht – theoretisch zumindest.

Die Überlagerung etlicher und teilweise nur unzureichend erforschter und erklärter Effekte machen die Klimatologie zu einem sehr komplexen Gebiet und bieten jede Menge Diskussionsstoff.

2.4 Folgen, Auswirkungen und Unsicherheiten

Wie im letzten Abschnitt angesprochen können kleine Ursachen oft eine große Wirkung zur Folge haben. Ein Anstoß genügt für extreme Veränderungen des sensiblen Systems Klima mit all seinen enthaltenen Rückkopplungen. Der aktuelle Klimawandel verursacht eine ganze Reihe von Veränderungen, viele davon sind allerdings bislang nur Hypothesen, manche gefestigt, andere weniger. Der IPCC berichtet davon, dass in der Atmosphäre in den letzten 25 Jahren der Wasserdampfgehalt deutlich angestiegen ist, da die Lufttemperatur angestiegen ist und wärmere Luft bestrebt ist, mehr Wasser aufzunehmen als kältere. Damit verfügt die Luft über ein höheres Energieniveau, das sich in einem größeren Zerstörungspotenzial von Stürmen zeigt.

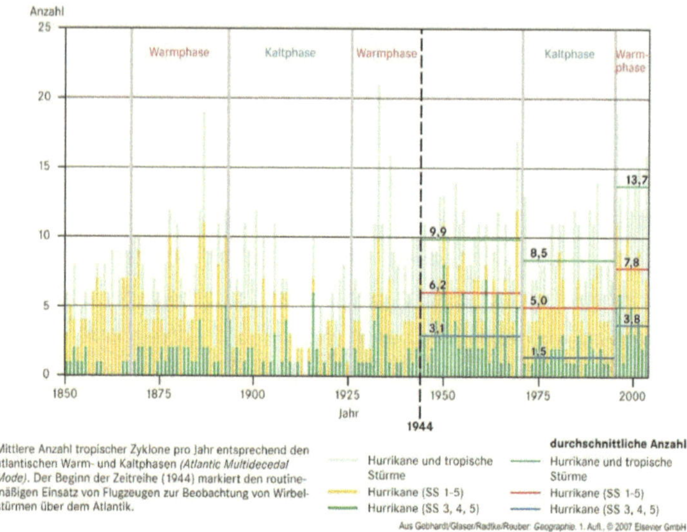

Abbildung 3: Auftreten von tropischen Stürmen unterschiedlicher Stärke (Gebhardt et al 2007)

Endlicher (in Gebhardt et al 2007) spricht in diesem Zusammenhang über die Zunahme der Intensität und Häufigkeit von Starkniederschlägen und damit Überschwemmungen in Deutschland in den letzten 40 Jahren, Abbildung 3 zeigt die Entwicklung der Anzahl tropischer Stürme und Hurrikans. Demnach haben verheerende Stürme in den letzten Jahren zugenommen. Kritiker merken aber berechtigterweise an, dass die Betrachtungszeiträume sehr kurz sind und dass ein wirklicher Zusammenhang von Klimaerwärmung und Anzahl der Stürme keinesfalls bewiesen wurde, sondern bislang nur gemutmaßt wird (Schulte 2003). In Deutschland ist ebenfalls kein Zusammenhang von Klimawandel und Unwetterzunahme belegbar (Brandt 2007).

Der Ozean hat sich in den letzten 50 Jahren bis in große Tiefen erwärmt und so einen Großteil der zusätzlichen Wärmeenergie der Atmosphäre aufgenommen. Durch die Erwärmung fand eine Ausdehnung der Wassermassen statt, die zusammen mit dem Abschmelzen zu einer Meeresspiegelerhöhung um zwei Meter 2 m in den letzten 150 Jahren führte, dabei war auch das fortwährende Abschmelzen der Eisbedeckung der Erde beteiligt und dieser Prozess ist noch nicht abgeschlossen (IPCC 2007).

„Auf der Skala von Kontinenten, Regionen und Ozeanbecken wurden zahlreiche langfristige Änderungen des Klimas beobachtet. Zu diesen gehören Änderungen der Temperaturen und des Eises in der Arktis sowie verbreitet Änderungen in den Niederschlagsmengen, im Salzgehalt der Ozeane, in Windmustern und bei Aspekten von extremen Wetterereignissen wie Trockenheit, Starkniederschlägen, Hitzewellen und der Intensität von tropischen Wirbelstürmen" (IPCC 2007 A1 S.7), allerdings steht dort auch zwei Seiten weiter: „Bei einigen Klimaaspekten wurden keine Veränderungen beobachtet." Wenn man abschließend noch einen Blick auf die Temperaturextrema wirft, so fällt auf, dass kalte Tage, kalte Nächte und Frost seltener, heiße Tage, heiße Nächte und Hitzewellen dagegen deutlich häufiger geworden sind (IPCC 2007). Auch Brandt (2007) spricht von einer Zunahme der Mitteltemperaturen bei einem Pendeln der einzelnen Jahre speziell in Deutschland. Dadurch nimmt auch in Deutschland die Schneewahrscheinlichkeit ab, es gibt mehr Sommertage und mehr heiße Tage (Brandt 2007). Und auch die Hitzesommer 2003 und 2005 mit Dürren und Wassernot in ganz Europa werden auf den Klimawandel zurückgeführt (Gebhardt et al 2007).

3. Akteure und Profiteure beim Klimawandel

Eine lange Reihe von Akteuren mischt im Klimawandel mit, einige treiben ihn bewusst voran, andere versuchen ihn zu verhindern oder zu vermindern und bei manchen spielt er kaum eine Rolle bei Entscheidungen und Handlungen. Im Folgenden sollen zunächst die beteiligten Gruppen gegenübergestellt und dann die Profiteure des Klimawandels herausgearbeitet werden. Dazu soll zusätzlich auf die Verflechtungen zwischen Akteuren beziehungsweise Profiteuren eingegangen werden.

3.1 Akteure im Klimawandel

Die ‚lange Liste' soll auf Wirtschaft, Politik, Umweltschutzorganisationen, Bevölkerung, Medien und den IPCC stellvertretend für Forschungseinrichtungen zum Klimawandel reduziert werden. Dabei ist zu beachten, dass sich einzelne Gruppen von Akteuren immer überschneiden können, da jeder Mensch im Prinzip einen unabhängigen Akteur darstellt, der nicht nur einer Gruppe zugeordnet werden kann. Die Betrachtung soll so differenziert wie möglich, aber dabei so pauschalisiert wie nötig für einen sinnvollen Überblick erfolgen.

3.1.1 Wirtschaft

Wenn man die Wirtschaft als Akteur betrachten möchte, so ist klar, dass sie sich aus unzähligen einzelnen Unternehmen zusammensetzt. So muss jede Aussage differenziert betrachtet werden, da die Wirtschaft an sich schon ein System vielfältiger, völlig unterschiedlich agierender Akteure ist.

Ganz klar ist, dass die Wirtschaft, die die Grundlage jeder Gesellschaft darstellt, hauptverantwortlich für fast alle etwaigen Faktoren ist, die den Klimawandel beeinflussen – hat der anthropogen bedingte oder zumindest beeinflusste Klimawandel doch mit der Industriellen Revolution im 18. und 19. Jahrhundert erst so richtig angefangen (Wicke et al

2006). Doch es ist selbstredend zu pauschal, alle Schuld der Wirtschaft zuzuschreiben, denn letztendlich lebt diese nur von den Konsumenten und ist auf politische Rahmenbedingungen angewiesen. Vielmehr ist das Handeln einzelner Unternehmen entscheidend, welche und wie viele klimawirksame Emissionen frei werden, die Nachfrage bestimmt aber das Angebot und so bestimmen auch die Konsumenten indirekt mit, wie klimafreundlich Firmen produzieren (Ostertag et al 2000).

Ziel von allen Unternehmen, die am freien Markt operieren, ist es, Gewinnmaximierung anzustreben und Profite zu erzielen. Dennoch variieren die einzelnen Firmenstrategien sehr stark, je nachdem welche Zielgruppe erreicht und welches Image angestrebt werden soll. Dies zeigt sich letztendlich auch, wenn es um Aspekte des Klimawandels und Klimaschutzes geht. Hier spielt besonders auch die Firmenpolitik eine große Rolle. Es ist sehr wahrscheinlich, dass die Folgen des Klimawandels die Kosten für konventionelle Energienutzung erhöhen und sie die für regenerative in absehbarer Zukunft durch Subventionen und neue Technologien günstiger machen werden. Ein Unternehmen kann deshalb einerseits versuchen, die teure Unterstützung der Entwicklung und Anschaffung neuer Technologien zu umgehen und weiter auf die konventionelle Energieträger zu setzen, um so kurzfristig einen Vorteil gegenüber ‚umweltfreundlicher agierender‘ Unternehmen zu besitzen. Andererseits können durch den schrittweisen Aufbau und Einsatz regenerativer Energien auf längere Frist Energiekosten eingespart werden. Dies ist aber sicherlich auch abhängig von Eingriffen durch die Politik wie der Ökosteuer und von Maßnahmen wie Subventionen, die die Kosten regenerativer Energien für Unternehmen künstlich konkurrenzfähiger machen (Bach 2000). Ostertag et al (2000) sprechen in diesem Zusammenhang von ‚Kosten und Nutzen‘, wobei ‚Kosten‘ die finanzielle Belastung für Energieeinsparungen, Umstellung der Energienutzung und andere Umweltschutzmaßnahmen darstellen und als ‚Nutzen‘ die vermiedenen Belastungen für die Umwelt und damit verhinderte materielle- und Umweltschäden bezeichnet werden. Dabei sind ‚Kosten‘ wesentlich einfacher abschätzbar, der ‚Nutzen‘ ist schwer messbar. Weiterhin kann der Einsatz klima- und umweltfreundlicher Energie eine Imagefrage sein. Firmen, die auf ‚Ökostrom‘ und Umweltschutz setzen, sind bei immer mehr Menschen beliebter als andere und ihre Produkte werden trotz leicht höherer Preise vorgezogen. Hier ist ein deutlicher Zusammenhang mit dem ‚Akteur Bevölkerung‘ zu sehen (SDI-Research 2006).

Und auch speziell die Wirtschaftsbranchen, die sich mit der Entwicklung und dem Bau von Systemen regenerativer Energiegewinnung befassen, sind vom Klimawandel direkt stark betroffen und auch Bewässerungssysteme und Hochwasserschutz werden stärker gefragt sein. Zudem ist ein deutliches Wachstum der Versicherungsbranche zu erwarten (Schulte 2003). Und ebenfalls von allen Maßnahmen des Klimaschutzes betroffen ist die Verkehrs- und insbesondere die Automobilbranche. Das ‚Auto der Zukunft' muss entwickelt und produziert werden, denn je nach politischen Eingriffen wird seine Nachfrage sehr stark ansteigen (Bach 2000).

Russau et al 2007 sprechen davon, dass häufig von Seiten der Wirtschaft deren wirkliche Interessen in der öffentlichen Klimadiskussion verschleiert werden und teilweise die Diskussion bewusst angeheizt und in die eine oder andere Richtung gelenkt wird, ohne dies mit gefestigten wissenschaftlichen Thesen begründen zu können. Auch in Bezug auf Gelder und Maßnahmen in der Entwicklungshilfe spielen wirtschaftliche Aspekte eine große Rolle, so wird beispielsweise der Einsatz von Gentechnik für die Produktion von Biodiesel wieder ins Gespräch gebracht, was für die Biotechnologie große Auswirkungen hätte (ebd.).

3.1.2 Politik

Auch der Begriff der Politik bedarf einiger Klärung vorab. Politik bedeutet per Definition die „Gemeinschaftsgestaltung, die auf die Durchsetzung von Vorstellungen zur Ordnung sozialer Gemeinwesen u. auf die Verwirklichung von Zielen u. Werten gerichtet ist" (Bertelsmann 1994, Band 14, S.109). Im Folgenden seien aber damit die einzelnen Regierungen gemeint. Deren Ansichten in Bezug auf Klimafragen weichen teilweise von Nation zu Nation sehr stark voneinander ab. Beispielsweise ist die Klimapolitik Deutschlands im Allgemeinen umwelt- und klimafreundlicher als die der USA und der Volksrepublik China. Und auch innerhalb einer Regierung sind Sichtweisen unterschiedlich, einzelne Parteien verfolgen unterschiedliche Umweltstrategien und selbst innerhalb einer Partei gehen die Meinungen auseinander. So können sich Aussagen nie auf die gesamte Politik beziehen, sondern sind immer in gewisser Weise pauschalisiert und könnten differenzierter betrachtet werden.

Die Politik steht immer vor der Schwierigkeit des ‚Spagats' zwischen einer zufriedenen Bevölkerung, die die Regierung möglichst wieder wählt und einer florierenden Wirtschaft, die unabdingbar für einen wohlhabenden Staat ist. Oft führt dies zu einem Zwiespalt, da wirtschaftliche und gesellschaftliche Interessen häufig nicht zusammenfallen.

Von manchen Seiten kommt Kritik am Handeln vieler Regierungen auf, da wahre Beweggründe oft nicht dargelegt werden und nur wenig von internen Diskussionen nach außen dringt. Vielfach werden stattdessen bewusst einseitige Darstellungen gewählt, die den jeweiligen Zweck befriedigen sollen (Schulte 2003). „Die zentrale Frage, die weit über die Klimadebatte hinausgeht, lautet: Darf die Politik mit den Gefühlen der Bürger spielen um Mehrheiten zu bekommen? Oder anders: Darf das politische Ziel der grundlegenden Umgestaltung von Wirtschaft und Gesellschaft mit Scheinargumenten erkauft werden (…)?" (ebd. S.173)

Mit Hilfe der Medien ist der Klimawandel nämlich auch in Wahlkampfdebatten mittlerweile ein relativ großes Thema geworden, besonders Al Gore in den USA und Margaret Thatcher in Großbritannien trieben diese Entwicklung seit Ende der 80er Jahre soweit voran, dass heute kaum ein Politiker einer Stellungnahme entgehen kann (Schulte 2003). Urs Neu dagegen sieht eine ernsthafte Diskussion der Thematik in diesem Zusammenhang aber eher als unbedeutend an, denn „in einer politischen Landschaft, die primär durch kurzfristige Wahlperioden und lokale Wählerinteressen geprägt ist, findet ein langfristiges, globales Problem eher wenig Beachtung" (Gebhardt et al 2007, S. 979).

Die Politik kann die Wirtschaft stark beeinflussen, in Umweltfragen ist eine Steuerung über Subventionen und Steuern möglich. So können Antworten auf Umweltfragen nahegelegt werden, da Alternativen durch politische Eingriffe finanziell unterschiedlich gewichtet werden können. Dies kann einerseits als positiv und wichtig für den Klimaschutz gesehen werden (z.B. Bach 2000), aber andererseits auch als manipulativ und wissenschaftlich ungerechtfertigt (Thüne 1998). Auf der anderen Seite kann aber die Wirtschaft vielfach genauso die politische Richtung vorgeben. Sollte beispielsweise die Klimapolitik eines Landes ungünstig für bestimmte Wirtschaftsbereiche sein, so besteht die Möglichkeit, dass diese in andere Länder abwandern. Dies wird häufig indirekt oder auch direkt als Druckmittel benutzt, denn die Politik ist stark abhängig von der Wirtschaft, da sie sonst nur schwerlich Wachstum und Beschäftigung anstreben könnte.

Die Industrieländer gelten als Hauptverantwortliche für den Klimawandel, deren Regierungen müssten –zumindest Wicke (et al 2006) zufolge– Gegenmaßnahmen ergreifen und die Entwicklung und den Einsatz von regenerativen Energien vorantreiben. Schwellen- und Entwicklungsländer haben häufig nicht die finanziellen Mittel, ein Netz aus regenerativer und umweltfreundlicher Energienutzung aufzubauen. Schwellenländer sind teilweise in der Lage immerhin bereits vorhandene umweltfreundliche Technologien einzusetzen, wohingegen für manche Entwicklungsländer der Klimaschutz hinter anderen, existenzbedrohenden Problemen zurückbleibt. Deswegen sind die Industrienationen eigentlich in der Pflicht, ihre ‚Klimaschuld' gegenüber den weniger entwickelten Ländern einzulösen und dort Maßnahmen einzuleiten und mit dem technischen Knowhow sowie den nötigen finanziellen Mitteln Unterstützung zu leisten (ebd.). Dies mit innenpolitischen Zielen in Einklang zu bringen, stellt sicherlich eine große Herausforderung für die Politik dar.

Der Treibhauseffekt ist aber –wie vieles in der Klimatologie– umstritten, unter anderem Thüne (1998) zweifelt dessen Existenz an. Er spricht von völlig falschen Berechnungen und unrichtigen Annahmen und schon der Titel seines Buches „Der Treibhaus-Schwindel" spricht für sich und er wirft der „Treibhausclique" (ebd. S. 275) bewusst aus politischen Gründen die These zu verbreiten. An dieser Stelle sei allerdings nicht näher auf diese Diskussion eingegangen.

Dass die Verkehrs- neben der Klimapolitik ebenfalls deutliche Auswirkungen auf Klimafaktoren hat, sei hier nur noch am Rande erwähnt (Bach 2000).

3.1.3 Umweltschutzorganisationen

Als Beispiel für verschiedene Umweltschutzorganisationen soll an dieser Stelle die Rolle des World Wide Fund For Nature -oder kurz WWF- vorgestellt werden. Es handelt sich nach eigenen Angaben um eine „der größten unabhängigen Naturschutzorganisationen der Welt (...) [die] 1961 (...), in Deutschland 1963 [gegründet wurde,] in mehr als 100 Ländern aktiv [ist] und (...) von über fünf Millionen Förderern unterstützt [wird]" (WWF 2007). Ziel des WWF ist es, " der weltweiten Naturzerstörung Einhalt gebieten und eine Zukunft gestalten, in der Mensch und Natur in Harmonie leben (ebd.)," weswegen vor allem eine Reduktion der Umweltverschmutzung, eine nachhaltige Energienutzung und ein Erhalt der biologischen Vielfalt im Interesse des WFF liegen.

Abbildung 4: Aktion zur Steigerung des Anteils regenativer Energien am Energiebedarf (WWF 2007)

Klimaschutz ist dabei zu einem aktuell sehr wichtigen Thema geworden. So ist auf der Homepage des WWF ausführlich zum einen über das Klimaproblem zu lesen, im Speziellen werden Treibhauseffekt, Verursacher, Auswirkungen und Handlungsbedarf erörtert. Weiterhin bietet die Seite einige Lösungsansätze für Politik, Unternehmen und neue Technologien, um vor allem den CO_2-Ausstoß zu verringern, dessen Einfluss auf das

Klima dabei nie in Frage gestellt wird. Ebenfalls werden hier etliche Tipps und Anregungen für jeden einzelnen gegeben, mit denen man sich im Alltag umwelt- und klimafreundlicher verhalten kann. Der WFF organisierte beispielsweise auch einen „Klima-Aktionstag", um die Regierungen auf die Notwendigkeit von Maßnahmen hinzuweisen und er gibt jederzeit die Möglichkeit, seinen eigenen CO_2-Ausstoß online zu berechnen. Die einzelnen Aktionen werden von Prominenten wie Roger Cicero, Patrick Nuo und vielen anderen unterstützt (ebd.).

Naturschutzorganisationen vertreten entschieden ihre Ansichten zum Klimawandel. Sie tun dies allerdings aus Überzeugung und um zu überzeugen. Profit spielt dabei keine Rolle, auch wenn ein gewisses Kapital für Aktionen und Aufklärungsarbeit nötig ist. Dieses stellen Förderer zur Verfügung, die entweder ebenfalls aus Überzeugung oder aber aus Imageüberlegungen heraus handeln. Die Organisationen beeinflussen vor allem die Bevölkerung in deren Handeln und indirekt können sie so auch Auswirkungen auf Wirtschaft und Politik haben. Da auch der Bund mit Fördergeldern an Umweltschutzorganisationen beteiligt ist, sieht man Verflechtungen auch in die andere Richtung. Die Umweltschutzorganisationen sind somit sozusagen das ‚Gewissen' der Akteure, das sich zu Wort meldet und nach mehr Rücksicht und Nachhaltigkeit verlangt.

3.1.4 Bevölkerung

Auch die Bevölkerung stellt einen wichtigen, wenn nicht sogar den wichtigsten, Akteur im Klimawandel dar, sie ist zusammen mit der Wirtschaft hauptverantwortlich für den Klimawandel. Zum Akteur Bevölkerung gehört jeder Mensch, also auch jeder Wirtschaftsboss, jeder Politiker, jedes Mitglied einer Umweltschutzorganisation, jeder Wissenschaftler und jeder Fernsehmoderator. Die Bevölkerung hat eine enorme Macht, ist aber leicht zu beeinflussen und sie weist eine große Dynamik auf.

Die Bevölkerung konsumiert das, was die Wirtschaft produziert. Dabei hat sie durch ihr Kaufverhalten in gewisser Weise Einfluss auf die Bedingungen der Produktion und wie umweltverträglich diese stattfindet (Gebhardt et al, 2007). Wenn die Nachfrage nach ‚klimafreundlich' produzierten Gütern steigt, dann wird auch die Produktion solcher zunehmen. Dies ist stark abhängig von momentanen Trends, die sich durch die Dynamik schnell verbreiten. Im Moment liegen beispielsweise BIO-Produkte sehr im Trend, genauso wie umweltverträglicher ‚Ökostrom' was durch politische Verlautbarung, besonders aber durch Medienberichte hervorgerufen wird (ARD 2008), denn trotz anhaltender Diskussionen um Art und Ausmaß des Klimawandels ist ein Großteil der Bevölkerung von einer deutlichen Erwärmung überzeugt — Medienberichte zum

Klimawandel liegen im Übrigen ebenfalls stark im Trend. Der Einfluss von Medien und Politik auf die Bevölkerung ist insgesamt sehr groß. Fernsehsender und Zeitungen gelten häufig als zuverlässige Informationsquellen, obwohl Berichterstattungen häufig oberflächlich und teilweise sogar fehlerhaft sind (ebd.) und sogar die Politik verfolgt gelegentlich ihre Ziele mit Mitteln, die bewusst und absichtlich die Wähler in eine bestimmte Richtung beeinflussen (WDR 2008). Dass die Werbung Einfluss auf das Konsumverhalten der Bevölkerung ausübt, ist auf jeden Fall nichts Neues, und auch hier taucht der Klimawandel immer häufiger als Thema auf. Der ‚Akteur Bevölkerung' hat also seine wesentliche Rolle als Konsument und wird von vielen Seiten mehr oder weniger ‚bearbeitet'. Der Klimawandel wird laut Umfragen das Konsumverhalten der Bevölkerung deutlich verändern. In Abbildung 5 sind diese Auswirkungen in verschiedenen Bereichen aus Sicht der einzelnen Menschen dargestellt. Sie bezieht sich auf eine Umfrage der SDI in Österreich.

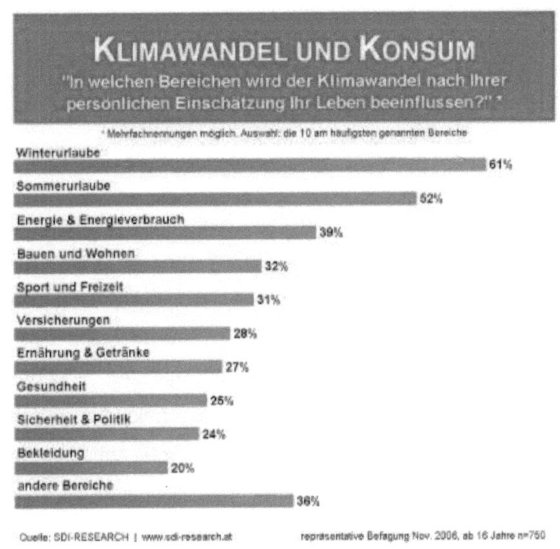

Abbildung 5: Einfluss des Klimawandels auf die Bevölkerung (SDI-Research)

„Nicht nur der Konsum verändert das Klima, auch der Klimawandel verändert das Konsumverhalten" (SDI-Research 2006) heißt es dort. Besonders betroffen sehen die Menschen in Österreich die Urlaube, sowohl im Winter, da weniger Schnee erwartet wird, als auch im Sommer, da es insgesamt wärmer werden soll und so lange Strecken unnötig werden. Auch der Energieverbrauch könnte zurückgehen, zunehmen werden aber wohl Sicherheitsmaßnahmen bei Gebäuden. Die Versicherungsbranche könnte ebenfalls einen

Zuwachs erleben, Lebensmittel- und Gesundheitskosten werden erwartungsgemäß ansteigen, um nur einige der Umfrageergebnisse zu nennen (SDI-Research).

Die Bevölkerung der Industrieländer wird sicherlich nicht so stark von den Folgen des Klimawandels betroffen sein, sie hat aber wesentlich mehr Möglichkeiten und Mittel der Entstehung entgegenzuwirken. Entscheidend ist der Wille des einzelnen, Energie zu sparen und die Umwelt zu schonen. Grundsätzliche Einsicht hierbei ist oft vorhanden, die Bereitschaft tatsächlich auf Komfort und unnötigen Luxus zu verzichten dagegen häufig nicht (Wicke et al 2006).

3.1.5 Medien

Die Rolle der Medien im Klimawandel ist ebenfalls vielschichtig. Die Medien verbreiten prinzipiell Ansichten, die Wissenschaft und Politik publizieren. Dies geschieht allerdings aus ganz unterschiedlichen Motiven und auf ganz unterschiedliche Art und Weise. Während das Argument, die Bevölkerung aufklären zu wollen, meistens nur vorgeschoben wird, so ist die Berichterstattung über ‚die bevorstehende Klimakatastrophe' eine gute Möglichkeit, Auflagen und Einschaltquoten zu erhöhen. Auch von den Kritikern der Klimathese leben die Medien mittlerweile, denn der Journalismus lebt geradezu vom Streit und von Provokation (ARD 2008). Dabei wird vieles einseitig und zu extrem dargestellt, was große Teile der Bevölkerung stark in ihrer Meinungsbildung beeinflusst und eine objektive Information schwierig macht. „Der Untergang der Welt scheint vielen schon gleichsam ins Hirn gebrannt" (Schulte 2003, S.104) und es kommt die nicht beantwortete Frage auf, ob es sich nicht um den „De[n] größte[n] Schwindel aller Zeiten?" (SWR 2008) handeln könnte. Es ist schwierig für Leser und Journalisten zwischen „Dichtung und Wahrheit" (Neu in Gebhardt et al 2007, S.982) zu unterscheiden. Kaum ein Bericht enthält nur Fakten, und wenn, dann wäre er wahrscheinlich nicht sehr gefragt. „Die lautesten Stimmen im Streit um den Klimawandel, das sind jene der Laien" (Eckert auf SWR 2008), jedoch sind Medienberichte meistens einprägsamer als sachlich wissenschaftliche Berichte. Rahmstorf aus SWR (2008) spricht in diesem Zusammenhang vom Problem, dass "es praktisch keine Wissenschaftler mehr [gibt], die den Klimawandel, seinen hoch wahrscheinlichen Ursprung in menschlichem Handeln und die Notwendigkeit, etwas dagegen zu tun, in Frage stellen. [Allerdings] (...) steckt das größte Problem jedoch in den vielen Medienberichte, die einen anderen Eindruck erwecken" (Rahmstorf auf SRW 2008). Er spricht zudem von falschen Zahlen und Fakten, die immer wieder absichtlich verwendet werden. Und auch wenn Medien aufklären und die Menschen zu klimafreundlicherem Verhalten bewegen wollen, fällt es schwer, keine weiteren Zwecke dahinter zu suchen. Die

Fernsehsendung CO_2NTRA auf Pro Sieben wirbt auf der entsprechenden Homepage beispielsweise mit dem Slogan „Mit CO_2NTRA kannst du dich aktiv für den Klimaschutz engagieren" (SevenOne 2008). Dass dies nur ein Versuch ist, mit einfachen Tipps und Appellen an die Vernunft mehr Zuschauer und Websitebesucher zu erreichen, wäre allerdings eine nicht belegbare Unterstellung. Jedenfalls ist es nicht nur für Laien sehr schwer zu entscheiden, welche Berichte der Wahrheit entsprechen und welche nicht und so wird Wissen letztendlich in den Medien mehr oder weniger „zu einer Glaubensfrage" (Neu in Gebhardt et al 2007, S.982).

3.1.6 IPCC

2007 erhielten Al Gore, der ehemalige Vizepräsident der USA, und der IPCC, der Intergovernmental Panel on Climate Change oder Zwischenstaatliche Ausschuss für Klimaänderungen, in Oslo den Friedensnobelpreis, „für ihren unermüdlichen Kampf gegen die Erderwärmung" (ARD 2008). Der IPCC wurde nach dem „Auszug aus den Vorwörtern von M. Jarraud, Generalsekretär der Welt-Meteorologie-Organisation WMO, und A. Steiner, Geschäftsführer des UNO-Umweltprogramms [UNEP], zu den drei Teilberichten" (IPCC 2008: Vorspann, S. IVf), „gemeinsam von der Welt-Meteorologie-Organisation (WMO) und dem Umwelt-Programm der Vereinten Nationen (UNEP) [1988] gegründet mit der Aufgabe, eine verbindliche internationale Erklärung zum wissenschaftlichen Verständnis der Klimaänderung zu verfassen. Die periodischen Sachstandsberichte des IPCC zu den Ursachen und Auswirkungen sowie von möglichen Reaktionsstrategien auf die Klimaänderung sind die umfassendsten und aktuellsten verfügbaren Berichte zu diesem Thema. Sie bilden weltweit die Standardreferenz für alle mit der Klimaänderung beschäftigten Hochschulen, Regierungen und Industrien. In drei Arbeitsgruppen beurteilen viele Hunderte von Experten die Klimaänderung (...). Der IPCC führt keine neue Forschung durch, sondern erarbeitet politisch relevante Beurteilungen der existierenden weltweiten Literatur zu den wissenschaftlichen, technischen und sozioökonomischen Aspekten der Klimaänderung" (ebd.). Dabei sind Wissenschaftler aus zahlreichen Ländern beteiligt, 2500 Experten arbeiten an der aktuellen Studie 6 Jahre lang. Die jeweiligen Regierungen schlagen ihre Wissenschaftler vor und das IPCC-Büro führt dann eine Wahl durch. Bei diesen Ländern handelt es sich sowohl um Industrie- als auch um Schwellen- und Entwicklungsländer. Der IPCC hat damit eine breite politische Grundlage und gilt somit als unabhängig und neutral, zumal „das Eigeninteresse der Autoren an einer Mitarbeit (...) nicht sehr groß [ist]" (Gebhardt et al 2007, S.977). Daher werden die IPCC-Berichte, die Ergebnisse in Form von Wahrscheinlichkeiten des Eintreffens von bestimmten Veränderungen und Ereignissen angeben, oftmals als Diskussionsgrundlage verwendet (Beck 2006).

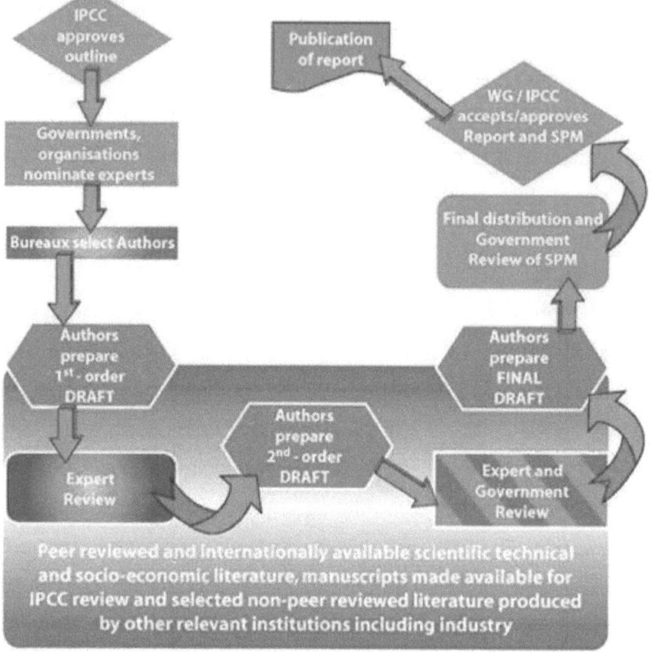

Abbildung 6: Prozess des Zustandekommens eines IPCC-Berichtes (IPCC 2007)

In Abbildung 6 ist zu erkennen, wie ein IPCC-Bericht zu Stande kommt. Deutlich hierbei zu erkennen ist der starke Einfluss der Politik, die die Experten für die Mitarbeit am Bericht nominiert, den verbesserten Bericht durchsieht und gegebenenfalls Verbesserungsvorschläge gibt, dann die Kurzzusammenfassung für politische Handlungsträger durchsieht und später die fertige Version noch genehmigen muss, bevor der Bericht endgültig publiziert werden kann. Deutlich wird zudem, dass das Erstellen eines solchen Berichtes enorm aufwändig ist, sowohl zeitlich als auch finanziell.

Gerade hier finden sich Angriffspunkte. So bezeichnet die Zeit (2008) den Ablauf des Zustandekommens eines solchen Berichtes als „Klimabasar" und weiterhin wird kritisiert, dass die Politik sich durch ihr großes Mitwirken am Bericht und vor allem an der Zusammenfassung für politische Handlungsträger sich quasi selbst berät. So wird im Artikel auch das Bundesumweltministerium zitiert: „»Der Inhalt ist uns bekannt«, sagt ein Sprecher. »Unsere Klimafachleute waren doch an der Entstehung beteiligt.«" (Zeit 2008) Dennoch sei der gute Ruf des kompletten Berichtes nicht zu leugnen, die Kritik bezieht sich nämlich fast ausschließlich auf die Kurzzusammenfassung.

Weitere Kritikpunkte sind das Fehlen eigener Forschung und dass die durchgeführten Szenarien zu ungenau sind und auf sehr unsicheren und vereinfachten bis falschen Annahmen beruhen (Schulte 2003). So sind die Ergebnisspannweiten bei diesen Szenarien enorm, was vor allem an den ungeklärten Auswirkungen von Aerosolen auf das Klima, dem ungewissen Verhalten der Ozeane als CO_2-Speicher und den unbekannten Veränderungen der Wolken bei allgemein höheren Temperaturen liegt. Deswegen besitzen zumindest die Szenarien im Grunde sehr wenig Aussagekraft (Gebhardt et al 2007).

Eine solch große Anzahl an Forschern zu beschäftigen, benötigt selbstverständlich auch enorme Mengen an Forschungsgeldern, die in den Augen von am Bericht unbeteiligten Wissenschaftlern oftmals als zu hoch angesehen werden, zumal ja –wie oben erwähnt- gar keine eigentliche Forschung durchgeführt wird. Die Meinung von Kenneth Hsü gehört sicherlich eher einer Minderheit an, alleine steht er damit aber sicherlich nicht. Er geht nämlich sogar so weit, die Mitglieder des IPCC als „Gauner" zu bezeichnen (in Schulte 2003, S.131), die nur auf schwer erreichende Forschungsgelder aus wären und generalisiert und weitet im Folgenden das Problem auf die komplette ‚korruptionsähnliche staatliche Förderung der Wissenschaft' aus. Er bringt seine schwerwiegenden Vorwürfe, die hier nicht weiter kommentiert werden sollen, auf den Punkt: „Das ist Mafia. wissenschaftliche Mafia" (ebd.).

3.2 Verflechtungen der Akteure

Die Akteure handeln selbstverständlich nicht unabhängig voneinander, denn sie hängen in vielerlei Hinsicht eng zusammen. Dies wurde bereits in obigen Ausführungen deutlich. Die bestehenden Verflechtungen zwischen den Akteuren erzwingen, teilweise zumindest, Zusammenarbeit und Arrangements, gegebenenfalls Kompromisse. In Abbildung 7 wurde versucht, die oben erläuterten Zusammenhänge noch einmal darzustellen. Sicherlich sind hierbei nicht alle Beziehungen enthalten, jedoch wird so immerhin angedeutet, wie komplex sich dieses Zusammenspiel darstellt. Die meisten engen Verflechtungen zu anderen Akteuren haben wohl die Politik und die Bevölkerung, obwohl über die Qualität der einzelnen Beziehungen hier keine Aussage getroffen werden soll. Und auch die Medien sind sehr stark mit sehr vielen Akteuren verbunden. Der IPCC und die Umweltschutzorganisationen haben zu eher wenigen anderen Akteuren großen Bezug, der IPCC sicherlich, weil er vorrangig für die Politik arbeitet, die Umweltschutzorganisationen, weil sie nicht den Einfluss haben, den sie gerne hätten.

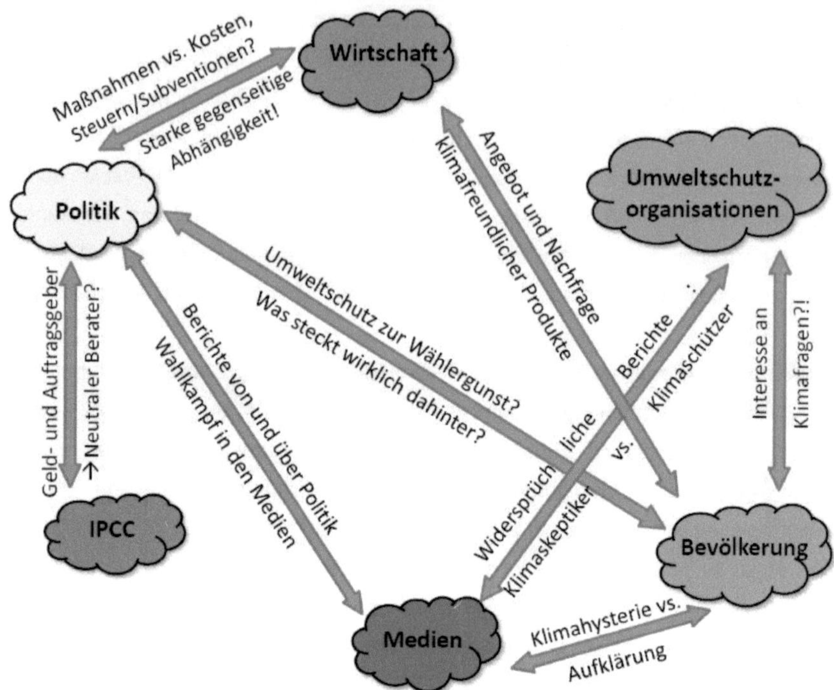

Abbildung 7: Verflechtungsdiagramm der Akteure im Klimawandel (eigene Abbildung)

3.3 Profiteure des Klimawandels ?

Der Klimawandel scheint wenig Gutes mit sich zu bringen, dennoch birgt er für einige Akteure Vorteile und eröffnet diesen Chancen. Doch wer profitiert denn vom Klimawandel und für wen bringt er nur Nachteile mit sich? Wer verdient an der ‚Klimahysterie'?

3.3.1 Wirtschaft

Wie in 3.1 schon geschrieben, müssen Unternehmen möglichst Profite erzielen, um am Markt überleben zu können. Dies gilt natürlich auch für Zeiten der globalen Erwärmung und "Geld verdienen mit dem Klimawandel kann eigentlich jeder" (WDR 2008). Das behauptet zumindest der Wirtschaftsforscher Frondel vom RWI in Essen. Er bezieht sich hierbei auf sein Fachgebiet, die Wirtschaft. Wie dies allerdings die einzelnen Unternehmen oder Branchen anstellen sollen, das lässt er offen, denn damit könnte man viele Seiten füllen.

Unterschiedliche Strategien, um aus dem Klimawandel in der Produktion und dem daraus folgenden Verkauf Profite zu schlagen, gibt es wirklich nahezu unzählige.

Die in fast schon absehbarer Zukunft zu erwartenden Engpässe auf dem Gebiet der fossilen Brennstoffe, werden zu einer deutlichen Erhöhung der Preise hierfür führen (Ostertag et al 2000). Zusammen mit steigenden Steuern auf der einen Seite und Subventionen auf der anderen Seite, lohnt es mittlerweile, auf regenerative Energiequellen umzusteigen. Diese haben noch enormen Wachstumsbedarf und besitzen ein noch lange nicht ausgeschöpftes Potential. So haben Firmen nun die Chance, auf längere Frist große Gewinne zu erzielen – entweder direkt, durch Entwicklung, Produktion oder Verkauf dieser Technologien, oder aber indirekt, durch Investitionen in diesem Gebiet (ARD 2008). Dies bezieht sich nicht nur auf Energiegewinnung, sondern ebenso auf PKW-Technologien, Hausbau und vieles mehr.

Dem vorherrschenden Meinungsbild in der Bevölkerung nach, sind ökologische Produkte zurzeit deutlich gefragter als andere und es gibt keinen Hinweis darauf, dass dieser Trend in nächster Zeit abreißen wird (WDR 2008). Damit sind die Produktionsbedingungen schon längst zu einer Imagefrage geworden, mit denen man das Ansehen und damit die Umsätze gut steigern kann, wenn man beispielweise damit wirbt, im Betrieb nur Energiesparlampen zu verwenden. Skandale und Greenpeace-Proteste gegen energieverschwenderische und unökologische Bedingungen dagegen, können das genaue Gegenteil bewirken. Welche Firmen dabei allerdings wirklich umwelt- und klimaschonender arbeiten und welche es nur aus Imageüberlegungen heraus behaupten, lässt sich schwer nachprüfen.

Abbildung 8: Windrad vor einem Braunkohlekraftwerk (www.welt.de)

Ein solches Beispiel für Energiegewinnung ist in Abbildung 8 zu sehen, wo eine werbewirksame „klimafreundliche" Windkraftanlage im Rauch eines Braunkohlekraftwerkes untergeht.

Bestimmte Wirtschaftsbranchen werden ein sehr starkes Wachstum verzeichnen, sollte der Klimawandel die Erde erwärmen und Regierungen und Menschen überall auf der Welt zum Handeln zwingen. Gerade die Technologien und Systeme regenerativer Energiegewinnung könnten auch zum Exportschlager werden. Bewässerungssysteme einerseits und Hochwasserschutz andererseits werden dann wohl ebenso stärker gefragt sein. Ob die Atomindustrie vom Klimawandel eher einen Vor- oder Nachteil erfahren wird, ist schwer abschätzbar. Ein Vorteil könnte entstehen, da die CO_2-Emissionen der Atomkraftwerke relativ gering sind und sich die Atomkraft in dieser Hinsicht als eine günstige Alternative zu den durch intensiven CO_2-Ausstoß geprägten Energieträgern offenbart. Ein Nachteil könnte allerdings darin liegen, dass die neu entwickelten umweltfreundlichen Technologien ebenfalls eine Konkurrenz für die gefährliche Atomkraft mit ihrer ungeklärten Entsorgung und den nicht hinreichend bekannten Risiken darstellen (Bach 2000).

Schulte (2003) erwähnt zusätzlich die Zuwächse für Versicherungen, die aus höheren Prämien und mehr Abschlüssen resultieren. Diese werden begründet mit der –allerdings sehr umstrittenen– These, dass die extremen Wetterereignisse zunehmen werden. Auch hier spielt die Beeinflussung der Bevölkerung durch Medienberichte und Werbung eine große Rolle. Wenn die gefühlte Bedrohung größer wird, dann steigt auch die Bereitschaft des einzelnen, in Versicherungen zu investieren, auch wenn sich objektiv betrachtet nichts ändern würde (Brandt 2007).

Sollte sich das Klima weiter ändern wie prognostiziert, so werden in Europa auch die Landwirtschaft und der Tourismussektor profitieren. Landwirtschaftliche Erzeugnisse könnten dann ohne Probleme und mit gutem Ertrag auch noch in Nordeuropa angebaut werden und Mitteleuropa könnte zum beliebten Ferienziel werden (Wicke et al 2006). Zudem ist eine „Renaissance des primären Sektors" (ARD 2008) wahrscheinlich, steigt der Anbau doch nicht nur als Futter- und Nahrungsmittel stetig an, sondern kommt neuerdings auch noch die Verwendung als Treibstoff und Energiequelle hinzu.

3.3.2 Politik

Direkten Profit vom Klimawandel kann die Politik nicht unbedingt erzielen. Als Thema für Wahlkampfdebatten liegen die Berichte manchen Parteien in jedem Fall jedoch mehr als anderen. In Deutschland ist es insbesondere die sich Partei Bündnis 90 die Grünen seit vielen Jahren sehr für den Umwelt- und Klimaschutz engagiert und durch die Aktalität der Thematik an Wählern gewinnen könnte (SWR 2008). Doch so lange der Klimawandel in den Medien und bei der Bevölkerung ein derart großes Thema darstellt, muss sich jede Partei mit der Problematik auseinandersetzen und Handlungsalternativen bereithalten, um die Wähler zufriedenstellen zu können. Klimaschutz kommt zurzeit bei den Wählern gut an, so kann die Regierung durch Maßnahmen in dieser Hinsicht an Zuspruch gewinnen, doch der Preis dafür sind finanzielle Aufwendungen und eventuell zusätzliche Steuern auf Energie oder ähnliches, die sich negativ auf die Wirtschaftskraft auswirken können (ARD 2008).

Diese könnten allerdings für den Staat positiv als „Geldquelle" (Hsü in Schulte 2003, S.132) gesehen werden und so als gern gezahlte „Steuern zum Wohle der Umwelt" (ebd.) eine reguläre Steuererhöhung unnötig machen. Thüne formuliert das Ganze noch drastischer und spricht von einer Erziehung der „mündigen Bürger zu schuldbewussten Umwelt-Sündern (...), die sich jeden Griff in ihre Taschen widerstandslos gefallen lassen und diesen Unfug auch noch an der Wahlurne belohnen"(Thüne 1998, S.13).

Steuern, die die Produktionskosten erhöhen, können der Politik aber eher schaden als nutzen, denn die Gunst der Lobbys ist wichtig für Arbeitsplätze im eigenen Land und das meiste Kapital konzentriert sich nicht unbedingt auf die Firmen und Organisationen, die Umweltschutz groß schreiben (Bach 2000).

Kurzfristig kostet die Entwicklung von Technologien für regenerative Energien, die auch in Deutschland sehr stark betrieben wird, zwar eine Menge Geld, auf lange Frist aber könnten diese zum Exportschlager werden und neben den Firmengewinnen auch Geld in die Staatskassen spülen (ARD 2008).

Langfristig bestünde aber auch noch das große Problem der Klimaflüchtlinge aus aller Welt, das nicht wegzureden ist und viel Positives überwiegt (Wicke et al 2006).

3.3.3 Umweltschutzorganisationen

Der Profit von Umweltschutzorganisationen beim Klimawandel ist doch sehr zweifelhaft anzusehen. Wenn sich das Klima erwärmt, so erfahren Umweltschutzorganisationen sehr wahrscheinlich Zulauf und bekommen mehr finanzielle Unterstützung. Da aber kein Profit erzielt werden soll und das den Organisationen zur Verfügung stehende Geld für Umweltschutzaktionen und Werbung wieder ausgegeben wird, entsteht kaum ein Vorteil. Ein aktuelles Beispiel für eine groß angelegte Plakat- und Postkartenkampagne einer Umweltschutzorganisation sind die in Abbildung 9 dargestellten Fotomontagen, auf denen Greenpeace dafür wirbt, den CO_2-Ausstoß zu verringern, denn „Der gefährlichste Müll ist der, den wir nicht sehen" – wie auf den Müllsäcken zu lesen ist. Ohne die Aktualität des Themas in Medien und Politik würden für solche Aktionen sicherlich die Geldmittel nicht ausreichen, da die Unterstützung fehlen würde.

Abbildung 9: Aktuelle Greenpeacekampagne mit Plakaten und Postkarten (www.greenpeace.de)

Durch ein Abwenden des Klimawandels würde den Umweltschutzorganisationen ein ‚Standbein ihrer Existenz' fehlen, durch ein Voranschreiten der globalen Erwärmung wird allerdings das Ziel der Organisationen verfehlt (WWF 2007).

Man kann also zusammenfassend sagen, die Umweltschutzorganisationen profitieren nicht vom Klimawandel, allerdings sehr wohl von der öffentlichen Diskussion darüber.

3.3.4 Bevölkerung

Auch wenn man die Veränderungen in der Bevölkerung in Bezug auf den Klimawandel betrachtet, so wäre es gelogen, würde man behaupten, es gäbe keine positiven Aspekte. Aber besonders hier besteht ein enormer Unterschied von Industrie- zu Entwicklungs- und auch Schwellenländern und von küstennahen und niederen zu küstenfernen und höher gelegenen Gebieten. So wären die Auswirkungen der Klimaveränderungen auf die Bevölkerung in Marokko beispielsweise gravierender als in Spanien, in den Niederlanden gravierender als in Frankreich. Und wenn beide Faktoren ungünstig sind, dann stellt sich die Situation für die betroffene Bevölkerung ähnlich schlecht dar wie in Bangladesch, wo breite Teile der Bevölkerung von einem drohenden Meeresspiegelanstieg betroffen wären und das Geld für Gegenmaßnahmen fehlt (Wicke et al 2006). Im Folgenden soll allerdings nur die Bevölkerung von hoch entwickelten Staaten, insbesondere Mitteleuropa

Gegenstand der Betrachtung sein.

Die negativen Folgen des Klimawandels für den einzelnen sind eine größere potentielle Gefahr durch Umwelteinflüsse und mehr Unsicherheiten diesbezüglich. Außerdem ist auf einigen Gebieten mit steigenden Kosten zu rechnen, hier seien nur noch einmal beispielhaft Versicherungen, Strom- und Benzinpreise erwähnt (ARD 2008). Dass der Klimawandel in anderen Gebieten großes Potential zum Einsparen bietet, wird in den Berichten von ‚Klimawandelgegnern' kaum erwähnt. Insbesondere ein Sommerurlaub kann mit Hilfe des Klimawandels in Gebieten mit warmen Durchschnittstemperaturen verbracht werden, ohne größere Strecken zurückzulegen (Brandt 2007). Generell kann mehr Freizeit, besonders auch abends im Freien verbracht werden ohne zu frieren. „Der Freizeitwetterwert ist hoch" (ebd., S.137), zumindest höher als ohne Klimaerwärmung.

Zudem könnten Lebensmittelkosten zumindest für bestimmte Artikel fallen, denn die Möglichkeiten des landwirtschaftlichen Betriebes verschieben sich mit den Klimazonen nach Norden und bislang exotische Importe können entweder selbst angebaut oder aus näheren Regionen importiert werden, was die Transportkosten reduziert.

Eine weitere Möglichkeit für die Bevölkerung zu profitieren, sind gewinnversprechende Investitionen von Privatanlegern in sogenannte Klimafonds, die Aktien der voraussichtlichen ‚Gewinner' des Klimawandels beinhalten, beispielsweise Biospritunternehmen (WDR 2008).

Die Auswirkungen auf die menschliche Gesundheit sind ebenfalls nicht rein negativ, wie vielfach behauptet, denn es hat zwar die Anzahl gesundheitsgefährdender Hitzetage in den letzten Jahren in Deutschland zugenommen, die extrem kalten Tage, die ebenfalls gesundheitsgefährdend sein können, gehen dagegen zurück (Brandt 2007).

Zu guter Letzt besteht eine große Chance für die Bevölkerung im Aufbau einer eigenen Energieversorgung. Die Entwicklung von Systemen regenerativer und umweltfreundlicher Energiequellen wie Fotovoltaikanlagen wurde durch die gesamte Entwicklung vorangetrieben, die Kosten sind durch Subventionen erschwinglich geworden. So ist es heute kein Problem mehr, seinen Strom selbst oder zumindest teilweise selbst zu produzieren und so unabhängig von Strompreisen der Anbieter zu sein (Bach 2000).

3.3.5 Medien

Einen klaren Profiteur des Klimawandels stellen die Medien dar. Das öffentliche Interesse lässt den Klimawandel zu einem der größten Gesprächsthemen in den Berichterstattungen werden, unabhängig davon, ob Tatsachen, Übertreibungen oder sogar Lügen verbreitet werden. Denn Katastrophen, Konflikte und Sensationen verkaufen sich sehr gut (Gebhardt et al 2007).

Abbildung 10: Dramatische
Schlagzeilen zum Klimawandel (wiki.zum.de)

Stories gibt es zum Klimawandel jede Menge und seit einem legendären Bericht im Spiegel 1986, der den Untergang der Welt aufgrund des klimatisch bedingten Meeresspiegelanstiegs ausmalte, überschlagen sich die (Medien)Ereignisse (Schulte 2003). Die Auflagen schnellen bei Überschriften wie „Unser Planet stirbt", "Jetzt amtlich: Erde immer heißer" oder „Mensch, willst du das wirklich alles zerstören?", die so in der Bildzeitung zu finden waren, in die Höhe (Vgl. Abbildung 10). Derartige Schlagzeilen lassen sich recht einfach produzieren und Experten und solche, die es gerne wären, gibt es im Klimawandel ohnehin genug.

Selbst Stoff für Filme wie das Weltuntergangsszenario „The Day after Tomorrow" und Romane wie Michael Crichtons "Welt in Angst" (siehe auch Kapitel 3.4), der von Verschwörungen um Umweltorganisationen und Ökoterroristen handelt, liefert der Klimawandel und sorgt gleichzeitig dafür, dass Kinosäle gefüllt und Bücherregale geleert werden (Gebhardt et al 2007).

3.3.6 IPCC

Auch dem IPCC ist -zumindest offiziell- sehr wenig an einem Voranschreiten des Klimawandels gelegen, legt er doch der Politik nahe, Handlung zur Bekämpfung zu ergreifen (IPCC 2007). Jedoch wäre der IPCC natürlich nicht das, was er ist, wenn es keinen Klimawandel gäbe, wahrscheinlich wäre er dann noch nicht einmal ins Leben gerufen worden. Inoffiziell profitiert der IPCC oder genauer alle Forscher, Juristen und sonstige Beteiligten an den Berichten also von den Veränderungen des Klimas und dem, was daraus gemacht wird. „Mehr Angst gleich mehr Forschungsgeld" (Hsü in Schulte 2003, S.132) und Forschungsgeld ist für eine Einrichtung wie den IPCC unerlässlich.

An dieser Stelle sollen keine Unterstellungen gemacht werden, allerdings sei zu denken gegeben: Würde der IPCC die Folgen des Klimawandels weniger dramatisch darstellen, so würde er überspitzt formuliert, *den Ast absägen, auf dem er gerade sitzt...*

3.4 Welt in Angst

Als kleiner Exkurs sei hier auf einen interessanten Roman zu Profit aus dem Klimawandel hingewiesen. Der Bestseller „Welt in Angst" beziehungsweise „State of Fear" von Michael Crichton (Abbildung 11), der 2004 auf Englisch, 2005 auf Deutsch erschienen ist , handelt von Ökoterroristen und bietet in mehrfacher Hinsicht ein gutes Beispiel dafür, dass man mit dem Klimawandel vielfach profitieren kann.

Abbildung 11: Titel des Romas „Welt in Angst"
(ARD 2008)

Zum einen, stellt er in seinem Buch ein fiktives Szenario dar, bei dem eine Umweltorganisation mit Ökoterroristen zusammen arbeitet, die gezielt Umweltkatastrophen inszeniert. Sie will erreichen, dass einer Klimakonferenz in den Medien und der Öffentlichkeit mehr Beachtung geschenkt wird. So soll die Diskussion um den Klimawandel künstlich verstärkt und politisch und wirtschaftlich nutzbar gemacht werden.

Mit seinem Buch kritisiert Crichton dabei vor allem die aktuelle Klimaforschung, die Wahrscheinlichkeiten als Sicherheiten, Unsicheres als Tatsachen verpackt, weil Tatsachen besser nutzbar sind als Wahrscheinlichkeiten. Crichton selbst profitiert damit aber andererseits ebenfalls vom Klimawandel, indem er das Thema einem Bestseller zu Grunde legt. Wie gelungen oder missraten dieser ist, das bleibt Ansichtssache.

Jedenfalls regt das Buch sehr stark zur weiteren Diskussion, zur Recherche und zur Beschäftigung mit dem Thema an, was durchaus als positiv gesehen werden kann.

4. Fazit

Die gesamte Klimageschichte ist von einem fast durchgängigen Wandel geprägt, so dürfte es eigentlich kaum verwundern, dass auch momentan ein Klimawandel stattfindet. Doch der momentane Klimawandel steht viel mehr in der Diskussion als jegliche Änderungen des Klimas zuvor. Die Diskussion ist längst nicht nur geprägt von Daten und Fakten, musste die Wissenschaft doch zumindest eingestehen, dass alles nicht so einfach ist, wie man gerne hätte. So sind viele Fragen bislang offen geblieben und die größten Diskussionspunkte sind die Fragen, ob sich das Klima weiter erwärmen wird und welchen Einfluss das vom Menschen ausgestoßene CO_2 und andere Treibhausgase an der Klimaerhöhung haben und haben werden. Eine Klimaerwärmung in den letzten 150 Jahren ist unstrittig, die Gründe hingegen sind umstritten.

Dem IPCC zufolge sind die Ursachen für den Strahlungsantrieb, den menschlichen Anteil an der Klimaerwärmung, allen voran das Kohlendioxid, dann Methan, Lachgas, Halogenkohlenwasserstoffe und Ozon. Dem entgegen wirken die Albedoveränderungen der Erdoberfläche durch die Landnutzung und die kaum erforschten Aerosole.

Einige zentrale auftretende Effekte beim Klimawandel sind der Treibhauseffekt, der das Klima erwärmt, der Effekt des Global Dimming, der zu einer Abkühlung führt, die erwärmende Eis-Albedo-Rückkopplung und die abkühlenden Rückkopplungen durch das komplizierte Verhalten von Wolken bei einer Temperaturerhöhung.

Als Folgen des Klimawandels werden vor allem ein Meeresspiegelanstieg, ein Abschmelzen der Polkappen und eine Veränderung des Niederschlages durch die erhöhten Temperaturen genannt, eine Verstärkung von Stürmen und anderen extremen Wetterereignissen konnte allerding bislang nicht in direkten Zusammenhang damit gebracht werden, Aussagen diesbezüglich sind reine Hypothesen.

Wesentliche Akteure im Klimawandel sind die Wirtschaft, die Politik, Umweltschutzorganisationen, die Bevölkerung, die Medien und der IPCC. Die Wirtschaft als Geflecht vieler unterschiedlicher, unabhängig voneinander agierender Firmen produziert Güter und versucht, möglichst Profit zu erzielen. Dabei wird eine große Menge an CO_2 ausgestoßen, weswegen sie also den größten direkten Anteil am anthropogenen Klimawandel hat. Die Wirtschaft hat vielfältige Chancen, vom Klimawandel zu profitieren, vor allem der Technologiebereich, der sich mit der Forschung und der Produktion regenerativer Energiesysteme und umweltfreundlicher Entwicklungen beschäftigt, erwartet großes Wachstum. Zudem könnte die gesamte Landwirtschaft genauso wie die Versicherungs- und Tourismusbranche an einer Erwärmung gewinnen. Die Politik, gemeint sind Regierungen, Parteien und Politiker, muss versuchen, eine zufriedene, wohlhabende Bevölkerung und eine florierende Wirtschaft in Einklang zu bringen. Der Klimawandel ist Thema in vielen Wahlkampfdebatten geworden und wird dort oftmals benutzt, um Wählerstimmen zu gewinnen, denn so lange Klimaschutz im Trend ist, sichert ein besorgtes Auftreten die Gunst der Wähler. Außerdem können zusätzliche Steuern zu Klima- und Umweltschutzzwecken erhoben werden, die die Staatskasse aufbessern. Umweltschutzorganisationen versuchen durch gezielte Maßnahmen, Bevölkerung und Regierung vom Klima- und Umweltschutz zu überzeugen. Als zweifelhaften Profit des Klimawandels tragen sie größere Zustimmung davon. Die Bevölkerung konsumiert die

Produkte der Wirtschaft und wählt die Regierung. So hat sie indirekt sehr großen Einfluss auf klimafreundliche Produktion und Politik. Außerdem kann jeder einzelne mit kleinen Veränderungen seinen Teil zum Klimaschutz beitragen. Profite durch den Klimawandel kann man vor allem in den gesteigerten Möglichkeiten des Tourismus und allgemein des Freizeitbereiches sehen. Auch für Privatanleger ergeben sich neue Möglichkeiten und neue Technologien und Subventionen ermöglichen eine individuellere Stromversorgung. Die Medien berichten sehr kontrovers über den Klimawandel. Der Wahrheitsgehalt liegt oft im Argen, sei es aus Unwissenheit der Reporter und Journalisten oder aus bewusst falscher Berichterstattung. Auflagen und Einschaltquoten werden durch Übertreibung und Streit erhöht und Wissen wird zu einer Glaubensfrage. Jedes neue Ereignis, das mit dem Klimawandel in Verbindung gebracht werden kann, wird gerne aufgegriffen und mit Profit vermarktet. Dabei wird die große Verantwortung aus großem Einfluss häufig nicht ernst genommen. Der IPCC arbeitet zwischenstaatlich, trägt den aktuellen Forschungsstand zusammen und verfasst Handlungsalternativen für die Politik. Seine Berichte gelten weltweit als Referenz. Problem dabei ist nur, dass diese von der Politik in Auftrag gegeben und mit bearbeitet werden, wodurch die Unabhängigkeit berechtigterweise angezweifelt werden kann. Durch den Klimawandel wurde der IPCC erst ins Leben gerufen und durch seine Berichte begründet er sich selbst. Ein Fortschreiten des Klimawandels –und sei es nur auf dem Papier– erhöht seine Forschungsgelder.

Kein Akteur im Klimawandel arbeitet also selbstlos, zumindest ein Mindestmaß an Profit wird dabei immer angestrebt. Fast jeder kann in gewisser Weise vom Klimawandel profitieren, für manche stellt er sogar die Existenzgrundlage dar. Jedoch darf bei alledem niemals vergessen werden, dass die Industrieländer weniger von den Auswirkungen einer globalen Erwärmung betroffen sein werden als die Schwellen- und Entwicklungsländer. Die Verantwortung dem Klima gegenüber darf niemals auf die leichte Schulter genommen werden.

5. Schluss

Wie sich der menschliche Einfluss auf das Klima nun wirklich darstellt, das weiß wohl keiner so genau. Und warum die Meinungen da so weit auseinander gehen, ist fast noch weniger begreifbar. Es liegen für den menschlichen Einfluss auf das Klima nur Indizien vor, doch sollte man nun nur aufgrund der vorliegenden Indizien ein Urteil fällen? Oder sollte man auf die Beweise warten, die möglicherweise erst geliefert werden, wenn es zu spät ist. Zu spät für was? Zu spät, um Maßnahmen zu ergreifen? Maßnahmen wogegen? – Das kann ebenfalls wieder keiner mit Sicherheit beantworten. Ob es denn jemals überhaupt Beweise für die eine oder andere Seite in der Klimawandeldiskussion gibt, das bleibt abzuwarten – und anzuzweifeln. Der Klimawandel ist längst zu einer Frage der

Überzeugung geworden. Jeder glaubt das, was er gerne glauben möchte, das, von dem er überzeugt ist, oder dem, von dem er überzeugt wurde. ‚Argumente' für beide Seiten gibt es jedenfalls genug. Die überzeugtesten und überzeugendsten Menschen sind aber oft mit Vorsicht zu genießen, denn die vermeintliche Überzeugung beruht gelegentlich auf anderen Beweggründen. Profit beispielsweise. Aus allem lässt sich Profit schlagen, aus dem Klimawandel aufgrund der Popularität des Themas momentan sogar besonders gut. Wer andere Menschen davon überzeugt, seine klimafreundlichen Produkte zu kaufen, seine klimafreundliche Politik durch eine Stimme bei einer Wahl zu unterstützen, sein Geld freiwillig für klimafreundliche Maßnahmen bereitzustellen, oder einfach nur die eigene Überzeugung zu teilen, der hat gute Chancen, vom Klimawandel oder eben der Überzeugung davon zu profitieren.

Es ist wirklich schwierig, zu diesem Thema faktische Aussagen ohne Unterstellungen zu treffen, denn keiner lässt sicher gerne anmerken oder unterstellen, dass er eigentlich andere Ziele verfolgt, als er vorgibt. Aber um es mit den Worten des IPCC Berichtes zu sagen, es ist „sehr wahrscheinlich" bis „praktisch sicher", dass einige Akteure versuchen, auch aus dem Klimawandel Profite zu schlagen, ob offensichtlich oder verdeckt. Ob das verwerflich ist oder nicht, bleibt der Überzeugung jedes einzelnen überlassen und was in Zukunft passieren wird, ist auch schwer überzeugend vorherzusagen.

Ich, persönlich, bin jedenfalls davon überzeugt, dass die Diskussion noch ein Weilchen weitergehen wird…

Quellen

Literatur

BACH, Wilfrid (2000): Klimaschutz für das 21. Jahrhundert; Forschung, Lösungswege, Umsetzung. Münster: Lit

BERTELSMANN (1994): Universal Lexikon; in 20 Bänden. Gütersloh: Bertelsmann

BRANDT, Karsten (2007): Treibhaus Deutschland; Der Klimawandel in Deutschland und seine Auswirkungen. Bonn: Bouvier

GEBHARDT, Hans; GLASER, Rüdiger; RADTKE, Ulrich; REUBER, Paul (Hrsg.) (2007): Geographie; Physische Geographie und Humangeographie. München: Elsevier, Spektrum

LUDWIG, Karl-Heinz (2006): Eine kurze Geschichte des Klimas; Von der Entstehung der Erde bis heute. München: Beck

MURRAY, Peter (2007): Klima im Wandel – Erde in Gefahr. München: Spektrum

OSTERTAG, Katrin; JOCHEM, Eberhard; SCHLEICH, Joachim; WALZ, Rainer; KOHLHASS, Michael; DIEKMANN, Jochen; ZIESIG, Hans-Joachim (2000): Energiesparen – Klimaschutz, der sich rechnet; Ökonomische Argumente in der Klimapolitik. Heidelberg: Physica-Verlag

SCHULTE, Uwe (2003): Streit um heiße Luft; Die Kohlendioxid-Debatte. Stuttgart: Hirzel

THÜNE, Wolfgang (1998): Der Treibhaus-Schwindel. Saarbrücken: Wirtschaftsverlag Discovery Press

WICKE, Lutz; SPIEGEL, Peter, WICKE-THÜS, Inga (2006): Kyoto Plus; So gelingt der Klimawandel; Nachhaltige Energieversorgung plus globale Gerechtigkeit. München: C. H. Beck

Internetquellen

ARD, SWR (2008): ARD und SWR Homepage; Das Internetportal der ARD. http://www.ard.de (aktuell am 15.01.08)

BUNDESMINISTERIUM FÜR BILDUNG UND FORSCHUNG (BMBF) (2007): Sachstandsbericht (AR4) des IPCC (2007) über Klimaänderungen. http://www.bmbf.de/pub/IPCC_kurzfassung.pdf (aktuell am 22.12.07)

IPCC (Zwischenstaatlicher Ausschuss für Klimaänderungen, Intergovernmental Panel on Climate Change) (2007): Klimaänderung 2007; I. Wissenschaftliche Grundlagen II. Auswirkungen, Anpassung, Verwundbarkeiten III. Verminderung des Klimawandels; Zusammenfassungen für politische Entscheidungsträger. http://www.ipcc.ch (aktuell am 22.12.07)

HAMANN, Susann (2006): Wetter-Klimawandel.de. http://www.wetter-klimawandel.de (aktuell am 06.01.08)

SEVENONE Intermedia GmbH (2008): Pro Sieben Homepage. http://www.prosieben.de (aktuell am 21.01.08)

RUSSAU, Christian; DUNKHORST, Jan; SCHUMACHER, Juliane (2007): Entwicklungspolitik - Alte Ungleichheiten, in Grün fortgeschrieben: Klimawandel, Biotreibstoff und neue Akteure – Wandel und Nicht-Wandel in der Entwicklungszusammenarbeit (aus: Lateinamerika Nachrichten 396). http://www.fdcl-berlin.de (aktuell am 10.01.07)

SDI-RESEARCH (2006): Klimawandel ändert das Konsumverhalten; Werbung, Consulting, Marktforschung; Pressemitteilung von: SDI-Research, Dr. Villani & Partner KEG. http://openpr.de (aktuell am 11.01.08)

WDR (2008): WDR Homepage. http://www.wdr.de (aktuell am 15.01.08)

WWF Deutschland (2007): Offizielle Homepage. http://www.wwf.de (aktuell am 14.01.08)

ZEIT, DIE (2008): Die Zeit Online – Homepage. http://www.zeit.de (aktuell am 22.01.08)

Tabellen

Tabelle 1: IPCC 2007: Arbeitsgruppe I, S.8

Tabelle 2: eigene Abbildung nach Schulte 2003

Abbildungen

Abbildung 1: Gebhardt et al 2007, S.247

Abbildung 2: IPCC 2007: Arbeitsgruppe I, S.4

Abbildung 3: Gebhardt et al 2007, S.237

Abbildung 4: WWF 2007

Abbildung 5: SDI-Research 2006

Abbildung 6: IPCC 2007

Abbildung 7: eigene Abbildung

Abbildung 8: www.welt.de (aktuell am 28.01.08)

Abbildung 9: www.greenpeace.de (aktuell am 29.01.08)

Abbildung 10: wiki.zum.de (aktuell am 29.01.08)

Abbildung 11: ARD 2008 (aktuell am 31.01.08)

Wortanzahl: *9.176*
Zeichen (mit Leerzeichen): *67.662*
(ohne Verzeichnisse, Quellen und Erklärung)